百角文库

畅游数学花园

马希文 著

U0278188

中国少年儿童新闻出版总社
中国少年儿童出版社
北 京

图书在版编目（CIP）数据

畅游数学花园 / 马希文著 . —— 北京：中国少年儿童出版社，2024.1（2024.7重印）
（百角文库）
ISBN 978-7-5148-8435-7

Ⅰ . ①畅… Ⅱ . ①马… Ⅲ . ①数学 - 青少年读物
Ⅳ . ① O1-49

中国国家版本馆 CIP 数据核字 (2023) 第 254414 号

CHANG YOU SHU XUE HUA YUAN
（百角文库）

出 版 发 行： 中国少年儿童新闻出版总社
中国少年儿童出版社

执行出版人：马兴民

丛书策划：马兴民 缪 惟		美术编辑：徐经纬
丛书统筹：何强伟 李 橦		装帧设计：徐经纬
责任编辑：李 华		标识设计：曹 凝
责任校对：夏明媛		插 图：杜晓西
责任印务：厉 静		封 面 图：晓 劼

社　　址：北京市朝阳区建国门外大街丙 12 号　　邮政编码：100022
编 辑 部：010-57526336　　　　　　　　　　　总 编 室：010-57526070
发 行 部：010-57526568　　　　　　　　　　　官方网址：www.ccppg.cn

印刷：河北宝昌佳彩印刷有限公司

开本：787mm ×1130mm　1/32　　　　　　　　　　印张：3.5
版次：2024 年 1 月第 1 版　　　　　　印次：2024 年 7 月第 2 次印刷
字数：40 千字　　　　　　　　　　　　印数：5001-11000 册

ISBN 978-7-5148-8435-7　　　　　　　　　　　　定价：12.00 元

图书出版质量投诉电话：010-57526069　　　　电子邮箱：cbzlts@ccppg.com.cn

序

　　提供高品质的读物，服务中国少年儿童健康成长，始终是中国少年儿童出版社牢牢坚守的初心使命。当前，少年儿童的阅读环境和条件发生了重大变化。新中国成立以来，很长一个时期所存在的少年儿童"没书看""有钱买不到书"的矛盾已经彻底解决，作为出版的重要细分领域，少儿出版的种类、数量、质量得到了极大提升，每年以万计数的出版物令人目不暇接。中少人一直在思考，如何帮助少年儿童解决有限课外阅读时间里的选择烦恼？能否打造出一套对少年儿童健康成长具有基础性价值的书系？基于此，"百角文库"应运而生。

　　多角度，是"百角文库"的基本定位。习近平总书记在北京育英学校考察时指出，教育的根本任务是立德树人，培养德智体美劳全面发展的社会主义建设者和接班人，并强调，学生的理想信念、道德品质、知识智力、身体和心理素质等各方面的培养缺一不可。这套丛书从100种起步，涵盖文学、科普、历史、人文等内容，涉及少年儿童健康成长的全部关键领域。面向未来，这个书系还是开放的，将根据读者需求不断丰富完善内容结构。在文本的选择上，我们充分挖掘社内"沉睡的""高品质的""经过读者检验的"出版资源，保证权威性、准确性，力争高水平的出版呈现。

通识读本，是"百角文库"的主打方向。相对前沿领域，一些应知应会知识，以及建立在这个基础上的基本素养，在少年儿童成长的过程中仍然具有不可或缺的价值。这套丛书根据少年儿童的阅读习惯、认知特点、接受方式等，通俗化地讲述相关知识，不以培养"小专家""小行家"为出版追求，而是把激发少年儿童的兴趣、养成正确的思考方法作为重要目标。《畅游数学花园》《有趣的动物语言》《好大的地球》《看得懂的宇宙》……从这些图书的名字中，我们可以直接感受到这套丛书的表达主旨。我想，无论是做人、做事、做学问，这套书都会为少年儿童的成长打下坚实的底色。

中少人还有一个梦——让中国大地上每个少年儿童都能读得上、读得起优质的图书。所以，在当前激烈的市场环境下，我们依然坚持低价位。

衷心祝愿"百角文库"得到少年儿童的喜爱，成为案头必备书，也热切期盼将来会有越来越多的人说"我是读着'百角文库'长大的"。

是为序。

马兴民
2023 年 12 月

目　录

请你当车间主任

管理现代化的工厂、农场、商店、车站、港口等，都要有科学的方法。科学的管理方法要用到一种与图论相邻的数学理论，叫作运筹学。

充分运用已有的条件，尽量把事情办得好一些，这就是运筹学的基本目的。

在数学的花园里，运筹学是一座非常庞大

的建筑，里面摆满了五花八门的问题。如果你想把每个问题都看上一眼，那得花费不少的时间，所以我只请你去参观一个角落，使你有个大概印象，知道运筹学研究的是什么样的问题，用的是什么样的方法。

我们来到一个角落，这里布置得像一个小小的车间，入口的地方写着"请你来当车间主任"。好，从现在起，你就是这个小小车间的主任了。你不用怕，我做你的顾问。

厂长下达了一份任务书，要你尽快完成5个特殊零件的加工。车间里只有一台车床、一台铣床；5个零件都需要先用车床加工，再用铣床加工。加工一个零件要用多少时间呢？一句话说不清楚，列一个表就一目了然了。

工时表　　单位：小时

机床＼零件	A	B	C	D	E
车床	8	9	4	6	3
铣床	5	2	10	8	5

厂长要你尽快汇报一下，你打算多长时间完成这个任务。

你想，开始的 8 小时，让车床加工 A，然后把 A 送到铣床去加工，车床就可以去加工 B 了；再过 9 小时，B 在车床上加工完毕，铣床已经空了，就可以把 B 送到铣床去加工，车床开始加工 C。这时候，已经过了 17 小时，再过 4 小时，C 在车床上加工完毕，又可以马上送到铣床去加工。C 在铣床上要花 10 小时，在这 10 小时内，车床把 D 和 E 都加工完后，还得等 1 小时，才能把 D 和 E 挨次让铣床加工，要再过 13 小时，5 个零件的加工任务才能全部完成。

那么，总共要多少小时呢？

你也许已经乱了套了。不要紧，我们来画一个时间图。

先画一条线，在这条线上画上许多等距离的小格，每一格代表 1 小时。在这条线的上边画一条平行线表示车床的工作，车床前 8 小时加工的是 A，我们就把这一段时间涂得粗些，写上 A，往下把 B、C、D、E 都按这个办法写好。

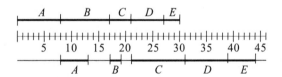

下边也画一条平行线表示铣床的工作。前 8 小时，铣床没活儿干；接下去的 5 小时，加工 A；把 A 加工完以后，要等 4 小时，等车床把 B 加工完。铣床把 B 加工完后，又得等上 2 小时才能开始工作。这一切，在时间图上都清清楚楚地表示出来了。

从这个图上一下子就看出来，总共需要的时间是 44 小时。

你拿起电话给厂长汇报。厂长听了不满意，他说不能花这么多时间，要你挖掘潜力，把时间缩短 10 小时。不容你分说，厂长已经把电话挂断了。

厂长的话是有道理的，这里大有潜力可挖。潜力在哪里呢？就是尽量减少铣床等待车床的时间。

你看，开始的 8 小时，铣床没干活儿，它在等车床把 A 加工完。开始的等待时间是不可避免的，但是可以缩短，只要改变零件的加工顺序。

零件 E 在车床上只要 3 小时就可以加工完，所以我们应该先加工它。这样，铣床只要先等待 3 小时，就可以开始工作。

那我们就来试一试，按照相反的顺序进行加工，就是先加工 E，然后是 D、C、B、A，看看时间会不会缩短。

请你按这个方案画一个时间图。你看，一下子就把整个加工过程缩短到 35 小时，比前一个方案缩短了 9 小时，离厂长的要求还差 1 小时。这 1 小时能不能再省去呢？从图上看，铣床在加工中途还有等待的时间，应该从这里打主意。这样调整来调整去，最后可以得到一个十分紧凑的时间图：

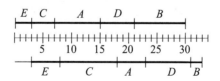

33 小时完成任务，比厂长提的要求还缩短了 1 小时。你可以给厂长打电话汇报了。

秘诀在哪里

你可能很高兴，因为当了一次称职的车间主任。不过，这次成功有碰巧的成分。要是厂长又给你一项任务，还是加工5个零件，还是先用车床再用铣床加工，唯一不同的是表上最后的一个数，刚才是5，现在是1。

工时表　单位：小时

机床＼零件	A	B	C	D	E
车床	8	9	4	6	3
铣床	5	2	10	8	1

你要是仍旧安排先加工 E，至少32小时干完。从时间图上可以清楚地看到，在铣床加工完 E 的时候，不论车床在加工哪个零件，铣床总得等着。

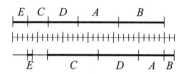

为了让铣床少等一会儿，车床最好是先加工 C。以后的情况和上次差不多，时间图如下：

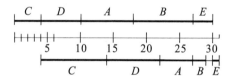

这样安排，车床仍旧工作30小时，铣床在加工过程中只等待1小时，全部31小时就完工了。这个方案没有改进的余地了。

你一定会感到奇怪，为什么要把 C 放在最前面？秘诀在哪里呢？

我告诉你这个秘诀吧！

先把工时表里最小的一个数找出来。如果这个数是某个零件在车床上加工的时间，就把这个零件放在最前面；如果这个数是某个零件在铣床上加工的时间，就把这个零件放在最后面。然后，把这个零件从表上划掉。再重复这个秘诀。

你可能觉得这个秘诀不好懂。其实并不难。只要看看我是怎样用这个秘诀的，你就明白了。

上面的工时表中最小的数是1。这个数是E在铣床上的加工时间，所以E应放在最后：

★ ★ ★ ★ E。

这里的4个★表示A、B、C、D 4个零件，但是次序还没有确定。

现在把E从工时表中划掉：

工时表   单位：小时

机床＼零件	A	B	C	D
车床	8	9	4	6
铣床	5	2	10	8

表中最小的数是2。这是零件B在铣床上加工需要的时间，所以A、B、C、D这4个零件中，B应放在最后。这样，最好的安排是：

★★★BE。

其中的3个点是A、C、D 3个零件，它们的次序还没有确定。

现在又把B从表中划掉：

工时表   单位：小时

机床＼零件	A	C	D
车床	8	4	6
铣床	5	10	8

表中最小的数是4，这是C在车床上加工需要的时间，所以A、C、D这3个零件中，C应放在最前。这样又安排成：

C★★BE。

其中的两点表示A、D的顺序还没确定。

再把C从工时表中划掉，剩下A和D：

工时表　单位：小时

机床＼零件	A	D
车床	8	6
铣床	5	8

再一次利用秘诀，就可以知道A应放在后面，D应放在前面。这样，最好的安排就应该是：

CDABE。

如果你问我，这个秘诀是怎么找出来的？这可不是三言两语说得清的，只好讲个大概。

你原来想先加工E，主要是为了使铣床开始等待的时间少一些，因为车床加工E只用3小时就够了。

但是，只这样考虑不够全面，因为铣床用1小时就能把E加工好，结果呢？为了等待车床把C加工好，铣床又有3小时没活儿干。

可见考虑加工顺序的时候，不但要注意每个零件在车床上加工需要多少时间，而且还要注意每个零件在铣床上加工需要多少时间。哪个零件在车床上加工需要的时间最少，就应该尽量先加工它；哪个零件在铣床上加工需要的时间最少，就应该尽量后加工它。

问题是这两个要求如果发生了矛盾，应该怎么办呢？比如说，按前一个要求，E应该最先加工，而按后一个要求，E却应该最后加工，到底怎样做才好呢？这就要进行详细的数学计算了。

从最简单的情况起步走

安排工作顺序是很复杂的问题，数学家为我们找到了一个简化的秘诀。

这个秘诀是怎样找到的呢？让我带你追踪数学家的脚印，多走几步，看看他们开头是怎么走的。

数学家有一个习惯，他们在处理一个复杂问题的时候，常常从最简单的情况起步走。

登山运动员攀登最高峰，总是先在附近比较低的山上做多次试登，这样做既可以体验这一带的地形、气候方面的特点，又可以站在小山顶上观察情况，选择登高峰的路线。

数学家在这方面很像登山运动员，他们从最简单的情况起步走，在解决简单问题的时候，往往会找到解决复杂问题的钥匙。

上一节讲的安排零件的加工顺序，是一个比较复杂的问题。如果要加工的零件少一些，问题就简单一些。

最简单的，当然是加工一个零件，那就无所谓安排了。

稍微复杂一点儿是加工两个零件A和B。安排的可能只有两种：或者先加工A，再加工B；或者反过来，先加工B，再加工A。为了简明，我们用AB表示前一种安排，用BA表示后一种安排。

AB和BA，哪一种安排好呢？当然要看这两

个零件用车床、铣床加工各需要多少时间。如

果工时表是这样的：

零件 机床	A	B
车床	2	3
铣床	4	3

那*AB*和*BA*的时间图是：

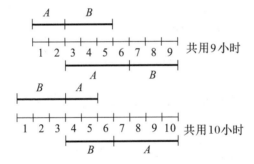

可见*AB*比*BA*要好一些。

如果工时表是这样的：

零件 机床	A	B
车床	3	4
铣床	2	3

那时间图就成了：

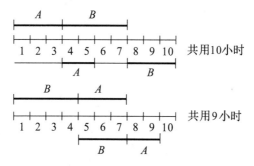

共用10小时

共用9小时

可见BA比AB好。

以此类推。根据两个零件需要的加工时间

不同，我们可以画出各种各样的时间图。

机床 ＼ 零件	A	B
车床	1	3
铣床	4	2

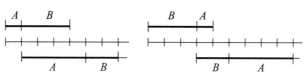

AB：7小时

BA：9小时

AB好些。

机床＼零件	A	B
车床	3	1
铣床	2	4

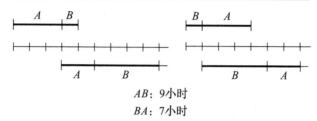

AB：9小时

BA：7小时

BA好些。

还可以举出许许多多例子。

数学家的工作往往从观察许多例子开始。但是，在一个一个地举例子的时候，他们并不是盲目地算呀、画呀，什么也不想。

他们想什么呢？他们在想，怎样迈出第二步？

其实，列举许多的例子，数学家还只迈出了第一步，这就是积累材料的一步；接着要迈出第二步，那就是要把第一步积累的材料，经过整理加工，概括出一些规律性的东西来。

数学家就是这样一步一步地前进的。道路坎坷不平，有时这一步容易一些，有时那一步容易一些，很难预先确定。但是有一点是肯定的：必须一步一步朝前走。

在我们现在走的这条路上，数学家是怎样迈出第二步的呢？

走了第一步，他会想到：从这些例子中，为什么一时抓不住关键呢？啊，要找到一个办法，利用工时表里的数，一下就把总的加工时间计算出来了；而且这个办法，最好能写成一个公式。

怎样才能找到计算公式呢？这就要用数学的知识了。

比如说，如果采用 AB 的安排，整个加工过程的总时间，应该怎样计算呢？

整个加工过程的开始一段时间里，车床加工A，铣床在等待着。这一段时间的长度是车床加工A的时间，为了方便，我们把这个时间写成车A。

加工过程的最后一段时间里，车床闲着，铣床在加工B。这一段时间的长度，是铣床加工B的时间，我们写成铣B。

中间的一段，就是从车床加工完A、铣床开始加工A到铣床开始加工B的一段时间。在这一段时间里，铣床必须把A加工完，车床必须把B加工完。当车床把A和B都完成了，铣床才能开始加工B。这一段时间多长呢？

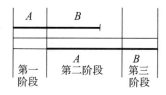

这要看车床加工B用的时间长，还是铣床加工A用的时间长。也就是看车B和铣A哪个数大。第二段时间的长度，就等于这两个数当中比较大的那个数。

这样，我们就可以写出：

第一段时间=车A；

第二段时间=车B和铣A中较大的那个数；

第三段时间=铣B。

所以按照AB的安排，总加工时间（用AB总表示这个时间）就是：AB总=（车A）+（车B和铣A中较大的那个数）+（铣B）。

公式就这样找到了。用这个公式可以直接算出总加工时间，而不必去画图。拿前面的例子来说：

因为车A=2（小时），车B=3（小时）；

铣A=4（小时），铣B=3（小时）。

所以 AB 总 $=2+4+3=9$（小时）。

你可以用别的例子来检查一下这个公式。

"◡" 和 "◠" 是什么呀

公式虽然找到了，可是它并不像我们常常遇到的那种公式。它右边的第二项不是固定的，得随机应变，怎么会那样别扭呢？

数学家开始也不满意，见得多了，才慢慢习惯了。

他们想，加、减、乘、除都是人们习惯的东西，这些都是从两个数得出第三个数来的。

那么，从两个数得出它们中间较大的那个数，不也可以看成和加、减、乘、除类似的东西嘛！数学家就想出了一个新的记号 "⌣"

来。$a⌣b$就得到a和b这两个数当中较大的一个

数。比如：

$3⌣2=3$，

$2⌣5=5$，

$(-2)⌣(-3)=-2$，

$1⌣1=1$。

最后这个式子，因为两个数都是1，它们一

样大，说哪个大都是一样。

这样，我们就可以把前面那个公式写成：

AB总$=$车$A+$（车$B⌣$铣A）$+$铣B。

现在，你看它已经完全像一个数学公式了。

和"⌣"相对应的，还有"⌢"。$a⌢b$就是a和b这两个数当中较小的一个。比如：

$3⌢2=2$，

$2⌢5=2$，

$(-2)⌢(-3)=-3$，

$1⌢1=1$。

以前，我们把+、-、×、÷叫作四则运算。其实，我们也可以把⌣和⌢加入这个行列，合称六则运算。

⌣和⌢的确有资格叫作运算。你看，它们也像四则运算一样，有许多重要的规律。例如：

交换律：$a⌢b=b⌢a$，$a⌣b=b⌣a$；

结合律：$a⌢(b⌢c)=(a⌢b)⌢c$，

$a⌣(b⌣c)=(a⌣b)⌣c$；

分配律：$(a⌢b)+c=(a+c)⌢(b+c)$，

$$(a⌣b)+c=(a+c)⌣(b+c)。$$

当然，也有一些规律是新型的。比如：

反身律：$a⌢a=a$，$a⌣a=a$；

反号律：$(-a)⌢(-b)=-(a⌣b)$，

$$(-a)⌣(-b)=-(a⌢b)。$$

此外，还有一个极为重要的规律：

$$(a⌣b)+(a⌢b)=a+b。$$

它的道理很简单，$a⌣b$ 是 a 与 b 当中大的一个，$a⌢b$ 是 a 与 b 当中小的一个。所以，$(a⌣b)+(a⌢b)$ 就等于 a、b 当中大的一个加上小的一个，不管 a、b 到底谁大谁小，和总是 $a+b$。

前面我们已经求出：

AB总$=$车$A+$（车$B⌣$铣A）$+$铣B。

因为（车$B⌣$铣A）$+$（车$B⌢$铣A）$=$车$B+$铣A，

所以车$B⌣$铣$A=$车$B+$铣$A-$（车$B⌢$铣A）。

代入前面的公式，得到：

AB总＝车A＋车B＋铣A＋铣B－（车B⌢铣A）。

右边前四项的和就是工时表里所有的四个数的总和，我们把它写作"总"。

AB总＝总－（车B⌢铣A）。

这样，我们就把公式简化了。这个公式的意思是这样的：因为B在车床上的加工和A在铣床上的加工是同时进行的，我们实际上节约了一些时间，节约的时间是多少呢？就是（车B⌢铣A），也就是车B与铣A这两个数中小的一个。

同样的道理，如果按BA的顺序来加工，整个加工过程的总时间就是：

BA总＝总－（车A⌢铣B）。

这就是说，节约的时间是（车A⌢铣B）。

AB和BA，哪一种安排好呢？就要看哪一种安排用的时间少，也就是问车B⌢铣A与车A⌢铣B哪一个数大。

如果车B⌢铣A＞车A⌢铣B，最好的安排是AB。

如果车A⌢铣B＞车B⌢铣A，最好的安排是BA。

拿上节的第一个例子来说：

由车A=2小时，铣A=4小时，

车B=3小时，铣B=3小时；

得车A⌢铣B=2小时，

车B⌢铣A=3小时。

车B⌢铣A＞车A⌢铣B，所以最好的安排是AB。

两个零件的问题就解决了。结果是很简单的，用不着画时间图，也不需要计算出总的加工时间。

向前迈进

我们解决了两个零件的问题。但是我们才迈了两步，为了彻底解决问题，还得再向前迈步。

我们试试怎样把已经掌握的办法用到复杂一些的问题中去。先看看3个零件的情况。

还是从整理材料开始，然后进行加工，这样一步一步向前迈进。

这一回，我们把前面算过的例子中再添上一个零件，工时表变成：

机床 ＼ 零件	A	B	C
车床	2	3	1
铣床	4	3	6

如果没有 C ，这就是我们前面研究过的问题，当时我们认为 AB 比 BA 好一些，现在有了 C ，情况会发生什么变化呢？

拿 C 和 A 比较，用上节的方法算出：

车 C ⌒铣 A =1小时，

车 A ⌒铣 C =2小时，

所以 CA 比 AC 好。

拿 C 和 B 比较，同样可以看出 CB 比 BC 好。

看来第一要加工的零件应该是 C 。

那么，接下去应加工 A ，还是加工 B 呢？前面已经说过了， AB 比 BA 好一些，所以我们就可以按 C 、 A 、 B 的顺序来加工，画出的时间图是：

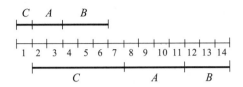

但是，如果你按C、B、A的顺序画出加工的时间图：

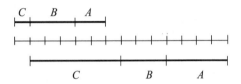

你看，由于有了C，AB的优点消失了，变得和BA一样了。

其实，这个道理很简单，在没有C的时候，从以前画过的时间图可以看出，AB比BA好，是由于铣床开始一段需要等待的时间短一些，现在有了C，在车床加工A或B的时候，铣床并没有停下来，而是在加工C。等到铣床加工完C的时候，车床早已完成了全部工作。铣床也就可以接着加工A、B两个零件。所以，AB的顺序也就并不重要了。

　　这样看来，为了决定哪种安排好，不能只考虑两个零件的关系，还要与其他的零件结合起来考虑。也就是说，如果零件多了，问题就变得复杂起来。不过，上面举的那个例子幸好结果没有太大的变化，AB的好处虽然消失了，还没有坏处，所以把A放在B的前面不至于把事情弄糟。因此，我们还是可以用下面的办法来找寻最好的安排：先两个两个进行比较，决定哪一个零件应放在哪一个零件的前面，然后按照这种关系找寻一个合理的顺序。

　　在上面举的例子中，我们就是这样做的。我们先分析出：A应该在B前面，C应该在A前面，C应该在B前面，然后，就确定了C—A—B的顺序。后来发现C—B—A的顺序和C—A—B

的顺序效果一样，但是无论如何，$C—A—B$的顺序是好的。在实际工作中，能做出一种合理的安排就行，所以不妨就按$C—A—B$的顺序来加工。

现在我们快到终点了，让我们加把劲，再向前迈一步吧。

这一次让我们回到那个曾使你困惑的工时表。

工时表　　单位：小时

机床＼零件	A	B	C	D	E
车床	8	9	4	6	3
铣床	5	2	10	8	1

按着上面的办法，我们必须一对一对地观察一遍，看每两个零件哪个应放在前面。最后可以列出下面的一个表：

A应在B前	C应在A前	D应在A前
A应在E前	C应在B前	D应在B前
B应在E前	C应在D前	C应在E前
D应在E前		

要从这张表中去找出一个合理的安排来，当然是十分困难的。何况有的时候，还可能要你去安排几十个或上百个零件的加工次序呢。

不过，你如果真是亲手列出了这样一张表，你一定会发现：工时表里比较大的数，用处是不太大的；越是小的数，价值越高。这是因为你在确定先后顺序的时候，总是比较两个"⌒"的结果谁大，所以拿来做比较的数，都已经是工时表中比较小的数了。因此，我们首先要注意的数，应该是工时表里最小的那个数1，就是铣E。你马上可以想到车★⌒铣E=1。这里的★代表A、B、C、D中的任何一个，不管是哪一个，上面的式子都对。

不但如此，你还可以想到车E⌢铣★>1。这是因为车E与铣★都是比1大的数，所以它们当中小的一个也还是比1大的数。

从这两个式子马上就可以得到结论：E应该放在任何一个零件的后面。这不正好是我告诉你的秘诀嘛！

离终点只剩下最后一步了。这一步请你自己来迈吧。我在终点等着你。

该跟踪谁

　　侦察员小王接到命令，去跟踪一个重要的间谍"熊"。现在，"熊"正在一间密室里和另外两个间谍碰头。小王只知道"熊"是3个

人中最高的一个，但是无法看到他们3个人碰头的情况，因而也不知道3个人中哪个身材最高。小王只能在门口等待他们出来。他想：这3个间谍如果不一块儿出来，可能最先出来的是"熊"，也可能最后出来的是"熊"，也可能中间那一个是"熊"，我应该跟踪哪一个呢？

3个间谍在密室里也正考虑呢，为了防备外面有人盯梢，谁先出去好呢？

这就是一个对策论的问题。

对策论是现代数学的一个重要分支，在军事、公安、经济和日常生活各个方面，都很有用处。由于对策论经常用智力游戏——打扑克、下棋等做模型，所以又叫博弈论。博就是赌博，弈就是下棋。其实，赌博如果去掉输赢财物的规定，就是智力游戏。

再举一个例子：有人要买外国一家公司的

一条旧船。他知道这家公司有3条旧船，价格一样。双方商定先看第一条船，如果他表示不要，再看第二条船，如果又表示不要，再看第三条船。既然3条船价格一样，他当然要尽可能买最好的，但是哪一条是最好的呢？

公司呢？它知道这次只能卖掉一条船，为了多赚一些钱，当然希望把最坏的一条卖掉，那它应该按什么顺序介绍呢？

这两个对策论的问题含义是不同的，但是在数学上，它们是相同的问题。

一般的对策问题都是这样：双方各有一些可以采取的策略，一旦双方的策略都确定了，就会出现一定的结果，问题是双方怎样找到最好的策略？

孩子们很喜欢的"石头、剪子、布"划拳游戏，就可以作为对策论的一个例子：甲乙两人同时伸出手来，做出石头、剪子、布的样子。两个人如果手势相同，就算平局；如果不同，石头可以砸坏剪子，剪子可以把布剪破，布可以把石头包起来，那就有了胜负。

在这个问题里，甲和乙各有3种可以采取的策略。结果如何？我们列出一个输赢表来（见下页表）。

这是甲的"得分"表。"0"表示平局，"–1"表示输，"1"表示赢。

	乙		
	石头	剪子	布
石头	0	1	−1
甲 剪子	−1	0	1
布	1	−1	0

我们把对策问题列成这样的表，就成了"表上游戏"。这种表是由若干行和若干列数字组成。甲可以指定其中的某一横行，乙可以指定其中的某一竖行。规定他们同时说出他们指定的横行或竖行。在这两行的交叉点上的数，就是甲得到的分数。例如在下面这个表里：

−3	5	4	−1	−5
−2	6	−3	0	2
−1	1	2	1	0
−3	−5	4	−1	3

如果甲指定第二横行，乙指定第三竖行，甲就得到–3分，也就是说输3分。

到此为止，我们为对策问题找到了一个数学模型。在代数课上，我们常常要为一个应用题列出方程式来。这个方程式就是应用问题的数学模型。有了数学模型，我们就可以暂时丢开原来的应用问题，全力去解决这个数学模型中的问题了。

所以现在，我们就暂时丢开什么"熊"呀、船呀、手势呀，全力以赴去研究这样的一个问题：

在表上游戏中，怎样找出最好的策略。

斗智的结果
—— 找到了平衡点

我们先研究上节提出的那个表上游戏：

-3	5	4	-1	-5		-5
-2	6	-3	0	2		-3
-1	1	2	1	0		(-1)
-3	-5	4	-1	3		-5
(-1)	6	4	1	3		

现在我们在每一横行的后面和每一竖行的下面，又写上了一个数。每个横行后面写的数，是这一行中最小的那个数；每个竖行下面

写的数，是这一列中最大的那个数。

从甲的立场来看，不管乙采用什么对策，他如果指定第一横行，那最不利的结果是-5，就是说输5分。同样，他如果指定第二横行，最坏的结果是-3，就是说输3分。可见每一横行的最小数表示的是：如果甲指定了这一行，可能发生的最坏结果是什么。

甲应该选哪一横行呢？当然是第三横行了。因为这一行的最坏情况，他也不过输1分而已。甲一旦采取了这个策略，那就不怕乙猜中他的策略，因为他已估计到最坏的情况了。当然，如果乙选择了别的策略，甲还有可能不输，甚至赢到一些分数。

从乙的立场来看，不管甲采取什么对策，如果他指定第一竖行，那最不利的结果是-1，即甲只输1分，乙只赢1分。如果他指定第二竖行，那对他最不利的结果是6，即甲赢6分，乙输6分。可见每一竖行的最大数表示的是：如果乙指定了这一行，可能发生的最坏结果是什么。

那么乙应选择哪一竖行呢？当然是第一竖行，因为这一行最坏的结果，他还可以赢1分。

如果甲乙双方都研究过对策论，那这个游戏就变得十分简单了：甲选取第三横行，乙选取第一竖行；结果甲输1分，乙赢1分。

在对策问题中，双方必须斗智，谁也不能胡来，不然就会陷入很不利的处境。比如说，甲不满意输1分的结局，想碰碰运气，指定了第二横行，争取那个胜6分。结果呢？如果乙不犯错误，指定第一竖行，结果甲只能输得更多。因此对甲来说，最聪明的办法就是把自己的策略公开告诉对方，对方也不会得到任何额外的收获。同样，乙的最好的策略，就是指定第一竖行。即使甲知道了乙的这个策略，对乙也无可奈何。

这样一来，这个游戏的结局就是确定无疑的了。

你看，在对策问题中，每一方都努力争取对自己有利的结局，双方的要求本来是矛盾的。但是，经过智力的角斗，达到了这样一个平衡点，双方都乐于接受这个结局。

从道理上来说，任何一个对策问题，经过透彻研究之后，都会达到这个结局。不过，特别复杂的对策问题，例如下象棋，现在还根本谈不到透彻的研究，谁都不知道怎样走是最好的策略。因此棋盘上会出现种种复杂的形势，双方都力图使对方失误，使自己能占上风。而正是这样的对策问题，才能真正引起人们的兴趣。

从前面的例子可以看出，平衡点就是表里的这样一个数：在同一横行中比较，它是最小的一个数；在同一竖行中比较，它是最大的一个数。这使我们联想起马鞍来：马鞍上坐人的那一点，比前后的点都低，比左右的点都高，所以我们可以把表上的这种数叫作"鞍点"。一个表如果有鞍点，这个游戏就有了平衡点。

可惜，在大多数的表上并没有鞍点。

下表第一横行最小的数是-8，第二横行最小的数是-6，它们都不是同一竖行中的大数，所以这个表没有鞍点。

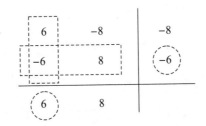

在这个游戏中，甲应该选取第二横行，这样就不会输得比6分还多；乙应该选取第一竖行，这样乙就不会被甲赢去6分以上。

现在我们假定甲乙两人，就这样选定了自己的策略来进行游戏，结果一定是甲输6分，乙赢6分。甲虽然输了，也心安理得；而乙呢，就喜出望外了。因为他本来做了被甲赢6分的打算，没有想到自己倒赢了6分。

这样，这个游戏就不平衡了，乙有了额外的收获。

不平衡的游戏，和前面说的平衡的游戏有

很大的不同。在平衡的游戏中，一个不满足平衡点的游戏者，如果选择了别的策略，只会输得更惨，此外一无所获。在不平衡的游戏中，情况就不同了。

比如说，甲知道了乙指定第一竖行，那他改定为第一横行，就可以赢得6分。

这种情况说明，游戏的双方都还有可能再想一些办法，争取更好的结果。

什么办法呢？请看下节。

利用混合策略造成平衡点

　　我们设想不平衡的游戏要重复玩很多盘，所以双方都可以根据进行的情况，来猜测对方的策略。

　　对于平衡的游戏，每一方都应该放心地抱住一个固定的策略不放。策略不怕公开，玩多少盘，结果总是一样。

　　对于不平衡的游戏就不同了。从上节的那个例子来看，甲如果发现乙总是指定第一竖行，他就可以指定第一横行，赢6分。因此，乙不能总是指定第一竖行，不然就太傻了。

斗智的结果，必然是大家都不断改变自己的策略。以甲为例，他就应该一会儿指定第一横行，一会儿指定第二横行。这种改变不能有规律，如果形成了规律，一旦被对方发现，他就会一败涂地。

双方既要不断地改变自己的策略，又要变化无常，那怎么办好呢？可以采用类似抓阄的办法，比如说可以扔一个硬币，看到落下来国徽朝上就指定第一行，数字向上就指定第二行。

要是双方都采用扔硬币的办法，这就是双方都按照 $\frac{1}{2}$ 比 $\frac{1}{2}$ 的比例来"混合"使用自己的两个策略。

当然也可以按别的比例，比如按31比69的比例来"混合"自己的两个策略：在一个口袋里放好100个纸团，其中31个写上1，69个写上2，从口袋中随意摸出一个纸团，打开一看，上面写着几，就指定第几行。

如果甲用31比69的比例来混合自己的策略，乙用74比26的比例来混合自己的策略，那就可以按下面的办法来计算出平均每盘甲赢几分。

先在这个游戏表的左边和上边分别写上甲乙各按什么比例混合自己的策略：

	0.74	0.26
0.31	6	−8
0.69	−6	8

在每一个数下面写一个数，这个数是这一横行最左边的数和这一竖行最上边的数的乘积，比如$0.31 \times 0.74 = 0.2294$。这些数表示出现各种结果的机会有多大。

	0.74	0.26
0.31	6 0.2294	−8 0.0806
0.69	−6 0.5106	8 0.1794

再把每一个数和它下面的数相乘加在一起：

$6 \times 0.2294 + (-8) \times 0.0806 + (-6) \times 0.5106 + 8 \times 0.1794 = -0.8968$。

这就是甲每盘平均得的分数。

你喜欢代数，不难算出一个公式来：如果甲用 p 比（$1-p$）的比例混合自己的策略，而乙用 q 比（$1-q$）的比例混合自己的策略，那么，用上面的办法可以算出，平均每盘可以得的分数是：

$6pq - 8p(1-q) - 6(1-p)q + 8(1-p)(1-q)$。简化得（$1-2p$）（$8-14q$）。

这说明，如果 $p=\frac{1}{2}$，许多盘游戏的结果，平均说来就是平局，就是甲平均每盘赢0分。

换句话说，只要甲坚持用 $\frac{1}{2}$ 比 $\frac{1}{2}$ 的比例来混合自己的策略，就可以保证在许多盘重复之后，不输也不赢。即使乙了解到甲的这个比例，那也没有关系。

乙呢？最好是按 $\frac{4}{7}$ 比 $\frac{3}{7}$ 的比例来混合自己的策略。因为 $q=\frac{4}{7}$ 时，$8-14q=0$。这个比例也不怕甲知道。

反过来，如果甲或者乙按别的比例来混合自己的策略，它就可能受到额外的损失。比如说乙要按 $\frac{1}{2}$ 比 $\frac{1}{2}$ 的比例来混合自己的策略，那甲就可以固定选取第二横行。这样，有一半的机会甲会输6分，但也有一半的机会能赢8分，平均起来每盘赢：

$$\frac{1}{2}\times(-6)+\frac{1}{2}\times 8=1（分）。$$

这个游戏是很有趣的，你不妨试试。

这样，我们就发现，对那种没有鞍点的表，使用了混合策略，游戏又可以达到一种平衡点。

怎样对一般的游戏求出它的平衡点，并算出双方合理的比例，是一个很复杂的问题，我们这里不再往深里谈了，只顺便提一句：像"石头、剪子、布"这样的游戏，双方最好都按照 $\frac{1}{3}$ 比 $\frac{1}{3}$ 比 $\frac{1}{3}$ 的比例来出石头、剪子和布。

侦察员的策略

我们对表上游戏谈了不少了，请你不要忘记，表上游戏不过是多种多样的对策问题的模型。如果只讨论表上游戏，而不知道怎样把它和其他的对策问题联系起来，也就没有什么意思了。

让我们还是回来研究一下跟踪问题吧，看怎样利用表上游戏来解决侦察员小王的问题。

在这个问题中，斗智的双方是小王和"熊"。我们可以想象，另外两个间谍是受

"熊"指挥的。所以小王相当于甲方，"熊"相当于乙方。

双方各有多少可以考虑的策略呢？

"熊"的策略比较简单。它只需安排一下3个人出去的先后次序就行了。为了方便起见，我们假定另外两个间谍一个叫"狼"，一个叫"蛇"，按个子来说，熊最高，狼其次，蛇最矮。他们出去的次序一共有以下6种：

1.熊、狼、蛇；　2.熊、蛇、狼；

3.狼、熊、蛇；　4.狼、蛇、熊；

5.蛇、熊、狼；　6.蛇、狼、熊。

"熊"的策略就是这6种。必要时，他可以按一定比例混合这6种策略。

小王的策略比较复杂。他可以不管三七二十一，跟踪第一个出来的人；或者放走第一个出来的人，跟踪第二个出来的人。当然，他也可以把这两个都放走，跟踪最后出来的人。看来他只有这3个策略可以采取。

其实不然，小王还有一个策略可以考虑，这就是放过第一个出来的人，等到第二个人出来，看他如果比第一个高（小王是侦察员，判断人的高矮有充分的把握），就跟踪他，否则就等第三个人。这就是他的另一个策略。如果第三个人出来又不是高个，那一定不是"熊"，就没有跟踪的必要了。

这样，小王的策略共有4个：

1.跟踪第一个人；

2.跟踪第二个人；

3.跟踪第三个人；

4.放走第一个人，再根据第二个人是不是比第一个人高，决定是不是跟踪他。

这样看来甲方有4个策略，乙方有6个策

略，我们就可以用一个四横行、六竖行的表上游戏来做它的模型（见下表）。

乙（熊）

		1	2	3	4	5	6
甲（小王）	1	1	1	0	0	0	0
	2	0	0	1	0	1	0
	3	0	0	0	1	0	1
	4	0	0	1	1	1	0

表里写"1"的地方是小王胜利，写"0"的地方是小王失败。所以这个表上的数，可以算成小王赢的分数。

这个表里有几个值得注意的地方：

你看，第一竖行和第二竖行数字两两相同。这是什么意思呢？

很简单，第一竖行和第二竖行代表着"熊"的两种策略，它们共同之处是"熊"先走，不同的地方是"狼"和"蛇"谁先走。假定"熊"采用了这两种策略中的一个，那么，只要小王打算跟踪第一个人，就一定胜利。相反，只要小王打算放过第一个人，就一定失败。所以"熊"的这两种策略，效果完全是一样的。了解了这个道理，我们可以干脆把"熊"的这两个策略去掉一个，比如去掉第二个，保留第一个。

同样的道理，可以去掉第五个策略，保留第三个策略。这两个策略都是"熊"第二个出去。

你可能会想，"熊"的第四个和第六个策略是不是也可以照此办理，去掉一个、留下一个呢？

从表上可以看出，第四个策略和第六个策略效果是不一样的。虽然在这两个策略中，"熊"都是第三个出去。但是，如果小王采取第四个策略,他就会根据第二个出去的人是不是比第一个出去的人高一些,来决定要不要追踪第二个人。这样一来,先让"蛇"走或是先让"狼"走就有了不同的效果。先让"蛇"走,小王就会跟"狼"而去,而"熊"就肯定溜脱了。

因此,在"熊"看来,不论小王的策略如何,第六个策略总不会比第四个策略差。所以"熊"应该保留第六个策略而去掉第四个策略。

这样一来,"熊"就只剩下第一、第三、第六这3个策略了。

从小王来看呢?第二个策略与第四个策略只有一点不同,那就是第四个策略多了一个得胜的可能性:如果3个间谍按照"狼、蛇、熊"的顺序走出来,小王的第二个策略将会失败,而第四个策略将会胜利。因此，第四个策略不比第二个策略差。这样，小王的策略也就只剩了第一、第三、第四这3个了。

把可以去掉的策略去掉，上面的表就成了：

		乙（熊）		
		1	3	6
甲（小王）	1	1	0	0
	3	0	0	1
	4	0	1	0

这个表上游戏可以像上节的问题那样，算出双方应按什么比例去混合策略，结论是，都按 $\frac{1}{3}$ 比 $\frac{1}{3}$ 比 $\frac{1}{3}$ 的比例去混合自己的策略。

形象地说，小王明白这个道理后，可以看看手表，如果秒针在12点与4点之间，他就采取第一个策略；如果秒针在4点与8点之间，他就采取第三个策略；如果秒针在8点到12点之间，他就采取第四个策略。这就是按 $\frac{1}{3}$ 比 $\frac{1}{3}$ 比 $\frac{1}{3}$ 的比例混合了第一、第三、第四这3个策略。

如果"熊"没有想到侦察员在外面等着他，他很可能任意安排一个出门的顺序。这相当于把6种策略按 $\frac{1}{6}$ 比 $\frac{1}{6}$ 比 $\frac{1}{6}$ 比 $\frac{1}{6}$ 比 $\frac{1}{6}$ 比 $\frac{1}{6}$ 的比例混合起来，那么小王得胜的机会就会增加到 $\frac{7}{18}$。

如果小王猜到"熊"会按这个比例混合他的6种策略，那么，他就会干脆采用第四个策略，而把得胜的机会，提高到 $\frac{1}{2}$。

但是他的这个意图一旦被"熊"猜中，他就会毫不犹疑地第一个走出去，使小王完全失败。

因此，双方都只好谨慎地按照上面的对策论的观点，来选择自己的策略。

如果双方都这样做了，我们就可以算出小王在这次斗智中获胜的机会是 $\frac{1}{3}$。

你不要感到遗憾。公平地说，小王的任务

的确是很难完成的，有了 $\frac{1}{3}$ 的机会也就很不错

了。如果弄得不好，连这个机会还得不到哩！

奇怪的无穷多

不超过10的正整数有多少个?

10个。

不超过230571的正整数有多少个?

230571个。

全体正整数有多少个?

无穷多个。

这样回答是正确的。如果我继续问下去:

人的手指有多少根?

10根。

人的手指和不超过10的正整数一样多吗？

一样多。

全体整数——包括正整数、负整数和零有多少个？

无穷多个。

全体整数和全体正整数一样多吗？

这下难住了。

可不是嘛！前面已经回答过全体正整数有无穷多个，现在又回答全体整数有无穷多个，都是无穷多个，看来不是一样多吗？但是，全体正整数只是全体整数的一部分，一部分能和全体一样多吗？

必须承认无穷多个只是一个笼统的说法，而不是一个精确的说法。无穷多和无穷多不见得一样多。承认了这一条，就容易自圆其说了。

但是，问题并没有完全解决。怎样比较两

个无穷的数谁大谁小呢？比如我问：

全体长方形和全体菱形哪个多些？

一条直线上的所有线段和一个圆里的点哪个多些？

正方形和正整数哪个多些？

…………

这些问题中涉及的无穷数，并不是全体和部分的关系，因此，我们也就不能一下子回答这个问题了。

看起来，得想一个办法，使得我们可以比较两组不同的东西的多少。

如果两组东西都是有穷的，要比较它们的多少，一般是数数：数一数第一组东西有多少，第二组东西有多少，然后就知道谁多谁少了。

这个办法对"无穷"来说是不适用的，因为"无穷"本身就包含数不清的意思在内。我

们得另想办法。

假定桌上摆了一些糖和饼干，不许数数，怎么知道是糖多还是饼干多？

你可以这样做：把糖一块一块地放到饼干上，每一块饼干上只放一块糖。放的结果，如果还有空着的饼干，那么饼干就比糖多；如果还有糖，那么糖就比饼干多。也许很巧，既没有多余的糖，也没有多余的饼干，每一块糖都放在一块饼干上了，两者就一样多。

从这里，我们得到一种启发：我们要比较两种东西的多寡，可以设法把这两种东西互相配对。如果两组东西恰好全部都配成了对，它们就一样多；哪一种剩下了，哪一种就多些。

这个想法可以帮助我们解决一些问题。

例如正整数和负整数是一样多的，因为我们很容易把1和–1、2和–2、…、n和$-n$……都一一配成对。

又例如正整数比直线上的点少些，因为我们可以在直线上任取一个线段A_1A_2，再取$A_2A_3=A_1A_2$，$A_3A_4=A_1A_2$……这样，很自然地把1和A_1、2和A_2、…、n和A_n……配成对，但是在直线上，还有大量的点没有配上对，这就证明了正整数比直线上的点少。至此，问题并没有完全解决。比如说：

1 **2** **3** **4** **5** **6** **7** **8** **9** **10**……

这里我们用正体字与粗体字分别印出了奇数和偶数，如果问奇数与偶数哪一种多？可以出现两种解答：

一种是把1与2、3与4等配成对，也就是说把一个正体字的数与它后面的粗体字的数配成对，这样一定会得到一个结论：奇数和偶数一样多。

另一种是把2与3、4与5等配成对，也就是把一个粗体字的数和后面的正体字的数配成对，这样一来，就把1这个正体字的数剩了下来，于是得到另一个结论：奇数比偶数多。

同一个问题，两种不同的解答，哪一种对呢？

又比如说：

1 2 3 4 5 6……

1 2 3 4 5 6……

这是相同的两组数字，只不过一组是用正体字印的，一组是用粗体字印的，它们应该是一样多的。不过，要是把每一个粗体字印的数和右上方的正体字印的数配成对，就会剩下正体字1，于是就会得出结论说：正体字印的数多。反过来，如果把每一个正体字印的数和右下方的粗体字印的数配成对，就会剩下粗体字1，于是就会得出结论说：粗体字印的数多。

这些互相矛盾的结论，说明我们前面的想法还有毛病。

毛病在哪里呢？就在于我们认为：在把两组东西配对的时候，某一组剩下了一些没有配上对的东西，这一组就多一些。

上面的两个例子告诉我们，使某一组剩下了一些没有配上对的东西，也不能断言这组东西就多一些；只能说，这一组东西不会比另一组东西少，可能是这一组东西多些，也可能是两组东西一样多。

这是一件很意外的事，因为它和我们的常识不符。但是，我们的常识是从对有穷的东西的研究中总结出来的，到研究无穷的东西的时候，就不能完全适用了。

有了这样的认识，我们就可以解释上面的矛盾。原来，两个问题中正体字的数与粗体字的数都是一样多的。

这样看来，有关无穷多的问题，绝不能根据朴素的常识随便下结论。

现在回到全体整数和全体正整数是不是一样多的问题。开初，你的印象大概是全体整数比全体正整数多吧？

根据是什么呢？无非是认为"全体"总比"部分"多些。经过刚才的讨论，你大概也会变得更加谨慎一些了，觉得有必要对这个问题重新审查一下了。

有关无穷多的问题，我们确实应该采取这个态度。

无穷多的美妙特性

上节的讨论告诉我们：

如果两组东西能够配对，它们就一样多。

如果一组东西能够和另一组东西的一部分配对，这组东西就不会比另一组多。

根据这两条，正整数与全体整数是不是一样多的问题，现在就不难得出结论了。你看：

1　2　3　4　5　6　7　8　9……

0　1　–1　2　–2　3　–3　4　–4……

上面一行是按普通办法排列的正整数，下

面一行是按一种特殊的办法排列的整数。不难看出，如果把上下两数相配，我们就把每一个正整数和整数配成了对。这样一来，我们就可以知道，正整数和全体整数是一样多的。

我们还可以发现全体整数和全体偶数一样多。这只要按下面的办法来配对就可以看出来：

1、2、3、4、5、6……

2、4、6、8、10、12……

再举个复杂一点儿的例子。一个围棋盘，是每边18个格的正方形，它共有$18^2=324$个方格。如果把这个围棋盘每边加到20格，那就是

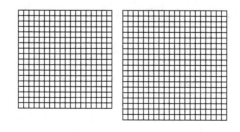

20^2=400个方格。如果把这个棋盘往上下左右都无限地扩大，那方格的数目就有无穷多了。现在，我们按照下面的办法在每一个方格里填上一个正整数：也就是说，从一个方格开始，螺旋形地转出去，顺序写上1、2、3……这样，我们就把所有的方格和正整数配上了对，所以方格和正整数一样多。

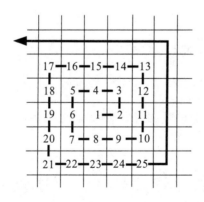

这些例子都和正整数一样多。有没有比正整数多的东西呢？有的。在数学上，把全体整数和小数（包括无穷小数）总称为实数，全体

实数就比全体正整数多。

怎样说明这一点呢？我们当然不难把全体正整数和全体实数的一部分配对。但是，这只能说明全体正整数不会比全体实数多，却不能说明全体实数的确比全体正整数多。

要想证明全体正整数和全体实数的确不一样多，我们必须证明：不可能把全体正整数和全体实数配上对。

怎样证明这一点呢？

如果我想说明两组东西可以配对，我可以把配好的对写出来给你看。现在要说明两组东西不能配对，有什么办法呢？

有的。如果有人声称他已经把正整数和实数配上了对，只要指出他还遗漏了某个实数没有配上对就行了。

这件事看来很难，其实不难。我们可以把

与正整数1配对的实数写成a，与正整数2配对的实数写成b，与正整数3配对的实数写成c，等等。

我们再按下面的办法写一个实数x：x是个无穷小数，整数部分是0；x的第一位小数，与a的第一位小数不同；x的第二位小数，与b的第二位小数不同；x的第三位小数，与c的第三位小数不同，如此等等。

这个x会不会等于a呢？不会的。因为它们的第一位小数不同。这个x会不会等于b呢？不会的，因为它们的第二位小数不同。

很明显，因为x总有一位小数与a、b、c……不同，所以x不会等于与任何一个正整数配了对的实数，即x并没有与任何一个正整数配上对！

正整数和实数是不能配对的，说明全体正

整数和全体实数不一样多，全体实数确实多一些。可见任何一个声称已经把正整数和实数配上了对的人，其实都是错误的。

这样，我们就至少有了两种无穷多了：全体正整数的个数叫作可数无穷多，全体实数的个数叫作连续无穷多。

根据这个道理，我们还可以说明一条直线上的点有连续无穷多，一个正方形里的点也有连续无穷多，等等。一张纸上能画出多少不同的三角形呢？答案也是连续无穷多。

不过，为了很好解决这一类问题，我们还需要研究"无穷多的算术"。

比如说加法，我们知道两组东西，一组是n个，一组是m个，把这两组东西放在一起，共有多少呢？就是$n+m$个。

如果n和m当中有一个是无穷多，或者两个都是无穷多，*n+m*也是无穷多。

如果用*a*表示可数无穷多，我们可以算出来：

$$a+1=a, \quad a+a=a。$$

实际上，正整数总共是*a*个，负整数总共也是*a*个，再添上一个0，就是全体整数，所以全体整数共有*a+a+1*个。前面已经说过，全体整数和全体正整数是一样多的，所以：

$$a+a+1=a。$$

这个式子告诉我们，*a+1*或*a+a*都不会比*a+a+1*更多，也就是不会比*a*更多；而*a*也不会比*a+1*或*a+a*更多。因此，它们都是一样多。

这个式子是很奇妙的。它实际上证明了两个相同的无穷多相加，或者无穷多和有穷多的数相加，还等于同样的无穷多。要是两个不相同的无穷多相加，那就应该等于比较多的那个无穷多。

无穷多也可以做乘法、乘方，等等。我们可以证明，许多代数公式对于无穷多也是适用的。比如：

$$m（n+k）=mn+mk$$

$$m^{n+k}=m^n·m^k$$

也有一些公式对无穷多是不适用的。比如在普通的算术中，只要n不是1，n^2总是大于n的。在无穷多的算术中，我们却可以证明$n^2=n$。前面讨论过"棋盘有多少方格"的问题，说的就是这件事。

不等式的公式对于无穷多来说，基本上是不适用的。这是无穷多的奇妙特性——全体可能并不比它的一部分多这个特性造成的。在这方面，只有一个公式是例外，这就是只要$n≠1$，就一定有$nm>m$。

这个式子很重要。因为关于无穷多的不等式，我们一共就只知道这么一个。可见人们对无穷多的了解还远远不够。

比如说，我们知道最少的无穷多是可数无穷多 a，而且可以证明连续的无穷多 c 等于 2^a，但是我们并不知道在 a 与 c 之间还有没有其他的无穷多。

研究这些问题是集合论的任务。集合论是现代数学中最基本、最困难的分支之一。

模糊数学

数学还能模糊吗？

多少年来，人们都把数学看成是一门最精确的科学，认为高度的精确性是数学与其他学科的主要区别之一。有的人还说过数学是科学的女王或皇后之类的话，大概就是为了称赞数学的精确性。

其实，与其说数学是科学的女王，不如说数学是科学的仆人。数学是基础学科，它是为其他学科服务的。

数学不能只讲精确。人们在生活、生产和科研中，常常要用到一些模糊的概念、判断和推理，数学也应该想办法研究这些东西，解决有关的问题，同时也丰富自己。

一个人如果拒绝使用模糊的概念、判断和推理，在现实生活中就会寸步难行。

比如说，你请他替你去告诉李鹏同学一件事。可是他并不认识李鹏。你就告诉他说，请他到操场的东南角去找李鹏，李鹏正在那里和几个同学玩，他是个矮个、胖子。

你以为已经说清楚了，可是他问："矮个子，身高不超过一米几？胖，他的腰围多少？体重多少？"

就算你的答复使他满意了，他拿起皮尺和磅秤去操场了。可是问题又来了，"东南角"，这是多大的一个范围？是半径5米的一个圆？还是边长3米的一个正方形？如果有一个人一只脚站在这个范围内，另一只脚站在这个范围外，应该不应该考虑在内？

他还在郑重其事地考虑这些问题，天早已黑了，操场上只剩他一个人了。

可见不允许用模糊的概念是不行的。那么，人们是怎样利用模糊概念去思考的呢？

起初，人们以为模糊就是近似。人们就去研究有关近似的计算、误差等的数学道理，取得了不少成果。

后来，人们把模糊和偶然性联系在一起。人们就去研究有关随机变量、随机过程和数理统计方面的数学道理，也取得了不少的成果。

但是，人们渐渐发现，这些并没有抓住模糊概念的主要特点。

精确的概念是什么呢？假如我们谈论你班

上的男同学，这"男同学"就是一个精确的概念。为什么精确？因为一个同学在不在这个概念内，是完全确定的，你和我都清清楚楚。当然，我没见过你班上的同学，所以我并不知道某一个同学，比如李明，是不是一个男同学。但是这并不要紧，因为我很清楚，他或者是个男同学，或者不是个男同学，这是明确的。我们可以把一个明确的概念看成一组事物的名称，用现代数学的术语来说，就是一个"集合"的名称。

模糊概念与此不同，比如我们谈论你班上的高个子，这"高个子"就是一个模糊概念。李华身高1.90米，他算高个子是当之无愧的。张明身高1.44米，他和高个子根本不沾边。但是王虎呢？他身高1.65米，算不算你班上的高个子呢？这就很难说了。

所以"高个子"这个概念是个模糊概念，主要不是因为测量可能有误差，也不是因为人的身高会随着他的健康情况、运动情况等发生偶然的变化，而是因为我们对"高个子"这个概念根本没有一个明确的界限。

如果要把你们班上身高在1.70米以上的同学挑出来，这"身高1.70米"就不是一个模糊概念。模糊概念的最根本特点就是：有些事物是否概括在这个概念里，是不太明确的。

当然，一个同学的个子越高，他越可以算作高个子。所以不同的事物，能否概括在一个模糊概念中的资格也不同。

这样，我们就可以把一个模糊概念与一张表联系起来，表上列出了每一个事物是否能概括在这个概念中的资格。例如：

概念：你们班上的高个子	
李　华	1
张　明	0
王小虎	0.4
陈大刚	0.75
……	……

这叫资格表。1、0、0.4 等表示资格的多少。对不同的模糊概念，资格表也不同：

概念：你们班上的胖子	
李　华	0
张　明	0.2
王小虎	0.9
陈大刚	0.75
……	……

模糊数学的研究工作，就是以这种表为基本材料。比如说，两个概念可以合成一个新的复杂概念。对于精确的概念来说，"你们班上的身高超过1.70米、体重超过70千克的同学"是个复杂概念。这个概念是一些什么事物的总

称呢？就是你们班上的同学必须既属于"身高超过1.70米"这一组，又属于"体重超过70千克"这一组，也就是说这两组的共同部分。用现代数学的术语来说，就是这两个集合的交集。

对于模糊概念来说，"你们班上的高个胖子"这个复杂概念，有一个什么样的资格表呢？就是"你们班上的高个子"这个资格表与"你们班上的胖子"这个资格表中，每行的两

个数中的较小的一个：

概念：你们班上的高个胖子	
李 华	0
张 明	0
王小虎	0.4
陈大刚	0.75
……	……

李华太瘦了，他根本没有资格叫作胖子，虽然他完全有资格叫作高个子，但还是没有资格叫作高个胖子。张明呢？他完全没有资格叫高个子，所以不管他是胖是瘦，反正没有资格叫作高个胖子。王小虎相当胖，但是只有0.4的资格叫作高个子，所以他也只有0.4的资格叫高个胖子。陈大刚与他们都不同，叫高个子与叫胖子都有0.75的资格，所以他有0.75的资格叫高个胖子。

如果你们班上就只有这4个同学，你要我去找你班上的高个胖子，我毫不犹豫地就把陈大刚找来了，虽然李华比他高、王小虎比他胖。

说到这里，你多少可以觉出一点儿模糊数学的味道了。模糊数学利用了资格表——用现代数学的术语来说叫作特征函数，就可以用精确的数量关系来表达模糊概念和它们的关系了。所以模糊数学处理的虽然是模糊的东西，但是它本身并不是模糊的！

在数学的各种分支中，类似模糊数学的例子还有。比如研究数量变化，这个变化可以非常复杂，甚至可以反复无常，但是变量的数学——微积分，却是一门脚踏实地的严肃学科，丝毫也没有反复无常的地方。

以不变对万变，以精确对模糊，这都是现代数学的深刻性和技巧性的精彩所在！

不可能问题

　　科学根据现象总结出规律，就可以做出许多预见。天文学不但能告诉我们明天会不会发生日食，还能准确地预告金星凌日的时间，就是金星恰好在地球和太阳之间穿过的时间。气象学就差一些，因为连明天会不会下雨这样的问题，预报也经常弄错。

　　在科学发展中，更加困难的任务是准确地告诉人们，什么事情是不可能的。物理学告诉我们永动机是不可能的，化学告诉我们氩不可能氧化，数学也得出了许多不可能的结论。

怎样用加号、乘号和括号，把4个"2"写成一个得数是10的算式？你很快就会找到：$2+2\times(2+2)=10$。要写出得数是3是不可能的。但是要做出这样的判断就难得多。第一，你得察觉出这是不可能的；第二，你要证明为什么这是不可能的，当然就难得多了。

许多有名的数学问题就是这样。

例如用一根直尺和一个圆规：

把一个已知角三等分；

作一条线段，它的长度等于一已知线段的 $\sqrt[3]{2}$ 倍；

作一个正方形，它的面积和一个已知的圆面积相等。

这3个作图题看起来都不难。但是，在很长的时间里，不知花了多少人的精力，总是做不出来。最后发现，这3个问题只用圆规和直尺是不可能解决的！

如果有一个人声称他解决了这3个问题中的一个，要指出他错在哪里是一件很简单的事。但是，要严格证明这3个问题是不可能的，就要用到许多高等数学的知识。

很多少年有闯禁区的胆量，敢于去做前人认为做不到的事，这是很可贵的！但是在这之前，应该大体了解一下前人为什么没有做到，如果可以做到而前人没有做到，那么，前人的漏洞和错误在哪里。这样了解是闯出新路所不可缺少的。不然就不是勇敢而是莽撞了，最后就会碰壁，白白浪费了许多精力和时间。

数学中另一个有名的问题是解方程的公式。

大家都知道一次方程 $ax+b=0$，它的解是

$x=-\dfrac{b}{a}$；

二次方程 $ax^2+bx+c=0$ 有两个解，

$$x = \frac{-b \pm \sqrt{b^2 - 4ac}}{2a}$$

三次和四次方程的解法只有300年左右的历史，它们的公式得写满一两页纸。

后来，人们用了整整一个世纪，想找到五次、六次和更高次方程式的一般解法。这就是要找到一个公式，用方程式的系数做加、减、乘、除或者开方得到方程式的解。但是都失败了。

这时候，年仅19岁的法国青年数学家伽罗华，从前人的失败中总结出了深入的规律，他证明了五次以上的方程式，不可能用系数的加、减、乘、除或开方解出来。

为了证明这一点，伽罗华创立了一个全新的数学分支——群论。群论开创了数学的一个新时期——近代数学的时期。他以群论为工具，解决了长期困惑着数学家的问题。

　　伽罗华的发现是如此的深奥，以至当时最权威的数学家都不理解。他们把他的手稿保存了许多年，才弄明白他的发现是怎么一回事。

　　不幸的是，伽罗华把他的手稿寄出之后的第二天就被杀害了。人们为了纪念他的功绩，把许多与他有关的数学概念，用他的名字来命名，比如伽罗华理论、伽罗华群、伽罗华域。

　　100多年来，许多不可能问题，都是按照伽罗华开创的路线去证明的。

等待着人们去试探

　　到了20世纪30年代，另一位青年数学家哥德尔又开创了一条新的路，来证明另一类不可能问题。

　　他证明了一个非常惊人的问题：

　　在任何一门数学中都有这样的东西，从这门数学中的已知的事实出发，你不可能证明它对，也不可能证明它不对。

　　当时最有权威的数学家之一希尔伯特，正在把数学向形式化的道路上推进。他认为，数学的每一个分支，都可以从一些简单的事实出发，用严格的逻辑推理的办法，推演出许许多多的结论来。

希尔伯特很透彻地整理了几何，把它建立在几组简单的事实（如两点可以连一直线这样一些简单的事实，他把这些叫作公理）基础上，为他的主张树立了一个样板。他对算术、代数等也这样做了。

希尔伯特学派满怀信心地认为，这样可以把数学的任务集中到逻辑推理这一点上去，把数学和外界的联系割断。这就是他们所希望的形式化。

他们的工作大大提高了数学的系统性和严格性，对数学的贡献是非常大的。但是，他们的总目标却是荒谬的。

哥德尔对这个目标表示了怀疑，他想说明

这个目标是不可能达到的。他认为，数学的任务不能只是逻辑推理，还必须对外界进行观察，不断用新的发现来丰富数学；而这些新的发现，是不能从原来的数学知识证明的。这样，他就想到了要去证明上面说的那条定理。

证明这样的定理是极为困难的。因为它要洞察全部数学推理的能力的界限。

据说一个有名的问题对他启发很大。这个问题是：下面这句话对不对？

　　　　"这句话是假话。"

如果你说这句话对，那你就得承认这句话是假话，因为这是这句话本来的意思。

如果你说这句话不对，那你就得认为这句话不是假话，这样一来，你也就认为这句话是对的了。

真是两头为难了！

哥德尔模仿这个问题也写出了一句话：

"这句话是不能被证明的。"

他想，如果你能从某些前提出发证明这句话是对的，那你就得承认这句话是不能证明的，你就陷入了矛盾。

如果你能从某些方面出发证明这句话不对，那你就承认这句话是可以证明的，你怎么又能证明它是错误的哩！

可见，从任何前提出发，你既不可能证明这句话是对的，也不可能证明这句话是错的。

经过许多耐心细致的推演，哥德尔证明了他的定理。

哥德尔的定理，不但宣告了把数学彻底形式化的企图是不可能的，而且开创了一条新路，来证明数学中的不可能问题。在这方面的新的成果之一，是解决了有名的希尔伯特第十问题。

1900年，希尔伯特给20世纪的数学家提出了23个数学问题，其中第十个问题是：

能不能找到一个办法，用这个办法，可以判断任何一个不定方程有没有整数解。

这个问题的答案是"不可能"。大概正是因为它的答案是不可能，才使它很难解决，以至于花了70年的时间。

在解决这个问题的时候，需要掌握从一些已知的数出发，进行各种各样的计算所可能得到的一切结果的总和。

一个可以得到结果的计算过程，叫作一个算法。比如整数的加、减、乘、除，是算法；求最大公约数、最小公倍数，是算法。但是，我们没有分解因式和证明几何定理的算法，所以不能按照某个固定的办法去解决这些问题。

第十问题的意义就是要找到一个算法，而对它的回答是"不可能"。

数学上的不可能问题还有许多，不过大都十分艰深。有的问题，把它说明白就得写上许多页。

这些不可能问题，分别属于不同的数学分支。但是现代数学中最关心的，是几个互相有关的分支，它们是数理逻辑、算法理论、递归函数论、自动机理论、形式语言学，等等。这反映了电子计算机的发明和广泛应用，给人们开辟了解决各种疑难问题的新前景。除了努力解决这些疑难问题之外，数学家还要关心一个非常严肃的问题：电子计算机能解决的问题的界限在哪里？

人们越来越发现，不是有了电子计算机就万事大吉了，还有许多问题不能用电子计算机解决。我们永远不能把所有的问题都交给电子计算机去解决，而自己躺下来睡觉。我们总要继续研究，有所发明，有所创造。数学是一个等待人们去不断探索的领域。

和你告别

我们一起在数学的花园里漫步，已经走了不少的地方，但是远没有走遍。

在这个花园里，还有许多地方，或者因为太偏僻，或者因为道路难走，或者因为刚开始开垦，我们只好在远处看看了。

你看那边，那是数学物理的高大建筑。那里有许多道路，通向现代数学的近邻——现代物理的质点系动力学、量子力学、相对论、统一场论等建筑。

再远一点儿，是数学生物学的高大建筑。那里有公路通向生物学的大花园。生物学家常常来请数学家去做客，帮助他们研究许许多多崭新的课题，比如生态学、遗传工程和进化论的问题。

你看到那个奇形怪状的新建筑物了吗？那是"灾变论"的工地，它才刚刚搭起第一层，在那里工作的人还不多，但是他们研究的问题却很有趣味：一个渐近过程会不会自然而然地中断？影响一个过程的隐蔽的因素怎样才能找到？别看他们人少，说不定会大放异彩哩！

总之，数学的花园正在快速发展，不断扩

大，生机勃勃，日新月异。

为什么会这样呢？

你可能听老师讲过，数学研究的是各种各样的数量、图形以及它们的关系。哪里有数量，哪里有图形，哪里就有数学。

以前有过一种误解，认为只有理论科学才用数学，在工程技术问题中，数学只能起参考作用。随着工程技术的发展，特别是自动化和电子计算机的应用，数学越来越成为工程师的必要武器了。

还有一种误解，以为数学是专为自然科学服务的。随着社会科学的发展，这个看法早就被打破了。

经济学家发现，没有精确的计算，就弄不清经济的规律。

语言学家发现，有了数学，才能精确地描述语言的构造和意义。

历史学家发现，古物的鉴定，史料的整理，数学都可以帮大忙。

甚至文学和艺术方面的理论家也发现，数学可以帮助他们解决某些难题。

更不用说军事学家了，离开了数学他们就根本没有办法指挥现代化的战争。

其实，任何一门学科都有它的幼年时期和成熟时期。在一门学科的幼年时期，人们只能粗略地描述一下它的规律。随着这门学科的成熟，人们要求精密地研究它的规律。各种各样的论点要用数据来论证，各种各样的方案要通过数据来比较。也只有这样做，这门学科才能不断地成熟起来。

一门学科成熟的程度如何，看它使用数学的程度就可以鉴别。怀疑这个说法的人已经越来越少了。

数学就是这样成为许多科学技术的基础和后方，努力为它们服务。而整个科学的发展，又反过来推动数学的发展。

因此，任何一个准备为祖国贡献力量的少年，不管他将来学什么、干什么，都要努力掌握数学，把数学当作自己的一件得心应手的锐利武器。当然，数学本身同样需要一大批有才干的人，来为它的发展贡献力量。很可能你已经暗下决心，要到这里来做一名无畏的勇士。